BEI GRIN MACHT SICH IHR
WISSEN BEZAHLT

- Wir veröffentlichen Ihre Hausarbeit,
  Bachelor- und Masterarbeit

- Ihr eigenes eBook und Buch -
  weltweit in allen wichtigen Shops

- Verdienen Sie an jedem Verkauf

Jetzt bei www.GRIN.com hochladen und kostenlos publizieren

Andrea Verso

Das Klima in Europa (7. Klasse) - Unterrichtsbesuch

GRIN Verlag

Bibliografische Information der Deutschen Nationalbibliothek:

Die Deutsche Bibliothek verzeichnet diese Publikation in der Deutschen National-
bibliografie; detaillierte bibliografische Daten sind im Internet über http://dnb.d-
nb.de/ abrufbar.

Impressum:

Copyright © 2005 GRIN Verlag GmbH
Druck und Bindung: Books on Demand GmbH, Norderstedt Germany
ISBN: 978-3-638-92998-1

Dieses Buch bei GRIN:

http://www.grin.com/de/e-book/48544/das-klima-in-europa-7-klasse-unterrichtsbe-
such

GRIN - Your knowledge has value

Der GRIN Verlag publiziert seit 1998 wissenschaftliche Arbeiten von Studenten, Hochschullehrern und anderen Akademikern als eBook und gedrucktes Buch. Die Verlagswebsite www.grin.com ist die ideale Plattform zur Veröffentlichung von Hausarbeiten, Abschlussarbeiten, wissenschaftlichen Aufsätzen, Dissertationen und Fachbüchern.

1. Unterrichtsbesuch im Fach WZG

Thema: Europa

Inhalt: Das Klima in Europa

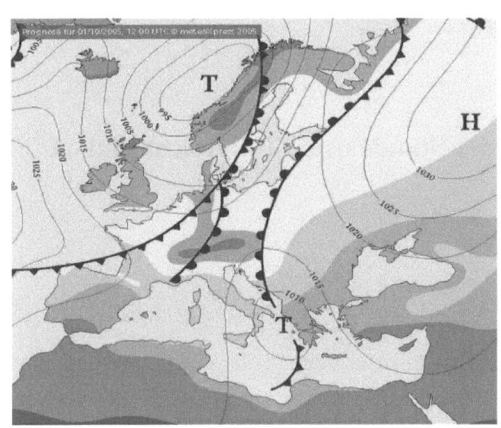

Fach: WZG

Klasse: 7c

Schule: X

Schulleiter: Herr H.

Datum: 11.10.2005

Zeit: 4. Stunde mit Verlängerung, 10:35 – 11:35 Uhr

Lehrbeauftragter im Fach WZG: Herr B.

Inhaltsverzeichnis

1. Bedingungsanalyse

1.1 Zur Situation der Schule

Die Schule X mit Werkrealschule ist eine sehr große Schule mit über 450 Schülerinnen und Schülern, die von etwa 40 Lehrkräften unterrichtet werden. Bei etwa 70% der Schülerschaft ist die deutsche Sprache nicht die Muttersprache. Die größte Gruppe bilden die Spätaussiedler. Außerdem machen die türkischen Kinder einen großen Anteil aus. An der Schule X wurde im Jahr 1990 die Werkrealschule mit dem Beginn des Zusatzunterrichts in der 8. Klasse eingeführt. Des Weiteren gibt es an der Schule seit dem Jahr 1998 Kurse für lese- und rechtschreibschwache Kinder. Außerdem gibt es eine Kooperationsklasse. Dort wird in Zusammenarbeit zwischen Hauptschule und Berufschule versucht, schwächere und benachteiligtere Jugendliche, die über den „normalen" Weg den Hauptschulabschluss voraussichtlich nicht erreichen würden, angemessen zu fördern.

1.2 Zur Situation der Klasse

Die Klasse 7c besuchen 10 Mädchen und 10 Jungen im Alter von 12 bis 14 Jahren.

Den höchsten Anteil der SchülerInnen bilden die Spätaussiedlerkinder. In der Klasse findet man auch andere Nationalitäten: Italienisch, Libanesisch, Kurdisch, Kroatisch und Deutsch.

Fast alle SchülerInnen verfügen nicht über ausreichende Deutschkenntnisse. Bei vielen Arbeitsaufträgen sind sie aufgrund der Sprache überfordert und benötigen eine vereinfachte Aufgabenstellung sowie gezielte Hilfestellungen. Das bedeutet für die Klassenlehrerin, dass sie die Klasse nicht im Fach Deutsch unterrichtet, sondern *Deutsch als Fremdsprache*.

Die SchülerInnen arbeiten in Einzelarbeit meist leise und zielstrebig. Stark wird die Sozialform Gruppenarbeit eingeübt, um ihre Erfahrungen in Teamarbeit zu erweitern.

In den letzten Wochen konnte ich anhand der Arbeitshaltung und einigen Äußerungen feststellen, dass sie diese mehr und mehr schätzen und wünschen. Daher wird die Klasse sehr langsam und kleinschrittig immer wieder mit solchen Unterrichtsformen konfrontiert und dadurch in ihrer Selbständigkeit gefördert.

Die SchülerInnen brauchen Unterstützung, Arbeitsergebnisse zu präsentieren oder vor der Klasse zu stehen. Daher versuche ich, diese Situation oft zu trainieren und den SchülerInnen die Möglichkeit zu geben, ihre Hemmungen abzubauen.

Die Klasse ist es gewöhnt, selbständig und in offenen Unterrichtsformen zu arbeiten.

Die Klasse weist eine große Heterogenität bezüglich Wissenstand, Lern- und Entwicklungsstand sowie der Lernbereitschaft auf.

Besonders M., T. und N. bereichern durch ihre guten Beiträge den Unterricht. Einige SchülerInnen haben enorme Defizite sich zu konzentrieren und haben ein mangelndes Durchhaltevermögen (P., M.). Ein Grund dafür ist sicherlich die Sozialisations- und Schulwirklichkeit dieser Schüler. Die Herkunftsfamilien der meisten SchülerInnen weisen zerrüttete Verhältnisse oder Zeichen der Vernachlässigung auf, in denen wenig oder keine Anleitung bzw. Erziehung stattfindet.

A., R., P. und M. erlebe ich als sehr starke Persönlichkeiten. Sie nehmen dadurch im positiven aber oft auch im negativen Sinne viel Raum innerhalb der Klasse ein. Sie fordern von mir viel Zuwendung, Grenzen und Aufmerksamkeit. Alina empfindet die ihr gesetzten Grenzen häufig als Zurückweisung und persönliche Beleidigung. Besonders die stillen SchülerInnen (K., M., B., J. und N.) werden dadurch ungewollt stark benachteiligt.

Die Jugendlichen befinden sich in einer teils schwierigen Entwicklungsphase. Hinzu kam ein Klassenlehrerwechsel. Den Wechsel der Klassenlehrerin erlebte die Klasse als einen sehr gravierenden Einschnitt.

Wie bei allen Jungen und Mädchen in diesem Alter sind Freundschaft, Sexualität und Sport große Themen, welche sie sehr beschäftigt. „Zwischen Lippenstift und Teddybär", dieses Bild trifft sowohl das Klassenspektrum wie auch die innere Zerrissenheit vieler Jugendlicher in diesem Entwicklungsabschnitt.

1.2 Die Klasse und Ich

Während der Hospitationsphase hatten die Klasse und ich schon die Möglichkeit uns kennen zulernen. Damals beeindruckte mich die Offenheit der Klasse gegenüber Neuem. Dankbar und mit großem Interesse sind sie Allem gegenüber aufgeschlossen. Sie wollen lernen!!!!

Das Unterrichten in der Klasse bereitet mir sehr viel Freude und bestärkt mich in vielerlei Hinsicht.

Ich unterrichte die Klasse 5 Stunden/Woche in Mathematik und 2 Stunden/Woche in WZG.

Ich fühle mich von der Klasse als Lehrer und Bezugsperson akzeptiert. Mir wird immer wieder deutlich, wie wichtig klare Grenzen sind, um ein effektives und freudvolles Arbeiten zu ermöglichen.

Um meinen Erziehungs- und Bildungsauftrag zu verwirklichen, ist es mir wichtig, auf Störungen und Impulse zu reagieren. Dies erfordert von mir viel Spontanität, Flexibilität und gute Nerven während meines Unterrichts.

Ich bin mir meiner Rolle als Führungsperson, Lernbegleiter und Zuhörer bewusst und erlebe meine Arbeit mit dieser Klasse als sehr wertvoll und wachse täglich an ihr.

Zum jetzigen Zeitpunkt möchte ich den SchülerInnen sinnvolles, freudvolles und nachhaltiges Lernen ermöglichen.

Dies wird, hoffe ich, auch in der heutigen Unterrichtsstunde sichtbar.

2. Einbettung der Stunde in die Unterrichtseinheit

Insgesamt umfasst das Thema 14 Unterrichtsstunden:

1. Auf der Suche nach Europa
2. Staaten und Hauptstädte
3. Staaten, Hauptstädte und Länder-Auto-Kennzeichen
4. Die wichtigsten Flüsse, Meere und Seen (Gruppenarbeit)
5. Die Großlandschaften und die Teilräume Europas
6. Eine Wandkarte erstellen (Teamarbeit) - Lerntheke
7. Was ist Klima, Wetter und Witterung?
8. **Das Klima in Europa (Experimente)**
9. Eine Wandkarte erstellen (Teamarbeit) - Referatvorbereitung
10. Eine Wandkarte erstellen (Teamarbeit) - Referatvorbereitung
11. Eine Wandkarte erstellen (Teamarbeit) - Referatvorbereitung
12. Eine Wandkarte erstellen (Teamarbeit) - Referatvorbereitung
13. Referatvorträge
14. Referatvorträge

3. Lernziele

3.1 Kognitive und fachliche Ziele

Ich möchte in der Stunde so arbeiten, dass die SchülerInnen...

> ➤ die unterschiedlichen Klimate Europas kennen lernen
> ➤ sich mit Experimenten und Texten auseinandersetzen und daraus ihre Erkenntnisse auf das Klima in Europa transferieren
> ➤ die Besonderheit des Golfstroms für das westeuropäisches Klima erfassen
> ➤ ihre Ergebnisse präsentieren können.

3.2 Pädagogische und soziale Ziele

Ich möchte in der Stunde so arbeiten, dass die SchülerInnen...

> ➤ ihre Kreativität und „bewegliches Denken" trainieren
> ➤ ihre sprachlichen Fähigkeiten und ihre Kommunikationsfähigkeit weiterentwickeln
> ➤ ihre soziale Kompetenz und Kooperationsfähigkeit erweitern
> ➤ ihre Präsentationskompetenz weiter ausbilden.

4. Verlaufsplan

Phase	Lehreraktivität	Schüleraktivität	Sozialform / Medien	Meth.-didakt. Kommentar
Einstieg / Hinführung zum Thema	L. lässt Musik im Hintergrund laufen und hängt zwei Bilder von zwei Mädchen an die Tafel. Zwei Texte werden mit Hilfe eines OHPs an die Wand projiziert. Wir versuchen die Frage des Textes anhand von Experimenten zu lösen. Sind die Temperaturunterschiede auch von Westen nach Osten so groß?	Zwei S. lesen die Texte vor. Schüler beschreiben die Bilder.	Lehrerzentrierter Unterricht, Unterrichtsgespräch Musik, Bilder, Folie, OHP, Tafel	Einstimmung Visualisierung Feststellung
Experiment	L. bildet 6 Gruppen: 1./2. Gruppe machen den Versuch: Einfallswinkel und bestrahlte Fläche. 3./4. Gruppe machen den Versuch: Erwärmung und Abkühlung von Wasser und Land. 5./6. Gruppe informieren sich über den Golfstrom, Seeklima, Übergangsklima und Landklima.	Gruppen werden gebildet. S. stellen Vermutungen auf, machen Beobachtungen und kommen schließlich zu einem Ergebnis, welches dann präsentiert wird. S. sammeln Informationen über den Golfstrom.	Gruppenarbeit Taschenlampe, kariertes Papier, 2 Schalen, Stifte, Wasser, Sand, Globus, Atlas, 2 Thermometer, 2 Lampen, Tonpapier Arbeitsblätter.	Experimente Schulung der Kommunikations- und Kooperationsfähigkeit Übung des Transferdenkens
Ergebnissicherung / Festigung	L. lässt die Schüler im „Kinositz" vor die Tafel stellen. Nun werden im Klassengespräch die am Anfang der Stunde gestellten Fragen beantwortet.	Gruppen präsentieren ihre Ergebnisse und beantworten somit die Fragen, die am Anfang der Stunde gestellt worden sind.	„Kinositz" Klassengespräch Plakate, Magnete Versuchsmaterial, Tafel.	Festigung Verbalisierung von Ergebnissen Präsentationsfähigkeit
Abschluss	L. fordert die Schüler auf, die Namenskärtchen an die große Wandkarte zu bringen.	S. kleben mit Tesafilm die Namenskärtchen an die große Wandkarte.	Klassengespräch Tafel, Tesafilm, Wandkarte	Festigung Ausblick auf die nächste Stunde

5. Punkte, die mir in meinem Unterricht wichtig sind:

Frage nach dem Sinn: Den Sinn der Auseinandersetzung mit Experimenten erfassen. Wenn ich mich auf Experimente einlasse, erfahre ich etwas über meine Umwelt.

Spaß / Motivation: Das Thema der Einheit, das Experimentieren sowie der angebotene Text, soll die SchülerInnen motivieren. WZG kann Spaß machen!

Kreativität: Die Lernenden haben die Möglichkeit, in schriftlicher Form und durch aktives Tun kreativ zu werden und Ideen zum Ausdruck zu bringen.

Differenzierung: Die Jugendlichen können entsprechend ihrer Leistungen in der Gruppe arbeiten und eigene Ergebnisse schriftlich festhalten.

Wertschätzung: Durch eine abschließende Präsentation erfahren die Lernenden, dass ihre Ergebnisse und folglich sie selbst wichtig sind.

6. Literaturverzeichnis

➤**Ministerium für Kultus, Jugend und Sport Baden-Württemberg:** Bildungsplan für die Hauptschule, Stuttgart, 2004

➤**Welt-Zeit-Gesellschaft 2:** , Hauptschule Baden-Württemberg, Braunschweig, 2005, Westermann Verlag

7. Anhang

Thema des Experiments:	Das Klima in Europa
Das ist unsere Frage:	Woran liegt es, dass die Temperaturunterschiede zwischen Nordeuropa und Südeuropa so groß sind?
<u>Unsere Vermutung:</u>	
Material:	2 Taschenlampen, 2 Blatt kariertes Papier, Lineal, Bleistift, Globus.

<u>Das haben wir beobachtet:</u>	
<u>Das ist unser Ergebnis / Erklärung:</u>	

8

Arbeitsauftrag:

Skizze:

So geht ihr vor:

1. Haltet die Taschenlampe (= **die Sonne**) senkrecht 15 cm (siehe Bild 1) über ein kariertes Papier.
   Zeichnet die Grenze des Lichtstrahls auf dem Papier (= **die Erde**) nach.

2. Haltet nun die Taschenlampe schräg 15 cm (siehe Bild 2) über das karierte Papier.
   Zeichnet die Grenze des Lichtstrahls auf dem Papier nach.

3. Vergleicht die Flächen der beiden Lichtstrahlen.
   Zählt jeweils die umrandeten Kästchen aus. Auch die geschnittenen Kästchen zählen als volle mit.

4. Fasse das Ergebnis in wenigen Sätzen zusammen

5. Nun bestrahlt den Globus vom Äquator aus an. Bewegt den Lichtstrahl nach Nordeuropa.
   Erkennt ihr Ähnlichkeiten mit dem Versuch auf dem karierten Blatt?
   Füllt nun den Lückentext aus.

Thema des Experiments:	Das Klima in Europa
Das ist unsere Frage:	Sind die Temperaturunterschiede zwischen Westeuropa und Osteuropa auch so groß? Woran liegt das?
Unsere Vermutung:	
Material:	2 Lampen, 1 Schale mit Wasser und 1 Schale mit Sand, 2 Thermometer, Uhr.

Das haben wir beim Versuch beobachtet:	
Das ist unser Ergebnis / Erklärung:	

10

Arbeitsauftrag:

> Skizze:
>
>
>
>
>
>
>
>
>
> 1. Messt **zwei** Minuten lang mit <u>zwei</u> Thermometern, wie warm das Wasser und wie warm der Sand ist. Tragt die Temperaturwerte in die Tabelle ein.
>
> 2. Legt die Thermometer wieder in die Schalen. Schaltet nun beide Lampen gleichzeitig an.
>   Achtet darauf, dass die Schalen senkrecht bestrahlt werden.
>
> 3. Lest nach **3** Minuten, **6** Minuten und **9** Minuten die Temperaturwerte des Wassers und des Sandes ab.
>   Schreibt jeweils die Temperaturwerte auf.
>
> 4. Schaltet die Lampen nach **9** Minuten aus.
>
> 5. Jetzt lest wieder an den Thermometern nach **3, 6** und **9** Minuten die Temperaturen ab.
>   Schreibt jeweils die Temperaturwerte auf.
>
> 6. Was stellt ihr fest?
>   Welche Bedeutung haben eure Ergebnisse
>   a) für die Weststaaten, die an das Meer angrenzen?
>   b) für die Oststaaten im Inneren Europas?

Temperatur des Wassers am Anfang des Versuches: _____°C

Temperatur des Sandes am Anfang des Versuches: _____°C

Lampe an:

Minuten	Wasser-Temperatur in °C	Sand-Temperatur in °C
3		
6		
9		

Lampe aus:

Minuten	Wasser-Temperatur in °C	Sand-Temperatur in °C
3		
6		
9		

Lückentext:

Je _____die bestrahlte Fläche ist, desto

_____ist sie.

Je _____ die bestrahlte Fläche ist, desto

_____ ist sie.

→ Folgerung:

Je weiter man sich vom Äquator entfernt, desto

_____ ist es!!!!

Setze die fehlenden Wörter in dem Text ein:

kälter, kleiner, wärmer; größer, kälter

Helsinki, 15. Mai:

Der letzte Schnee schmilzt. Katijna freut sich, denn jetzt kann sie endlich wieder länger draußen sein. Sie und ihre Freundinnen haben sich zu einem Spaziergang verabredet. Die Mädchen tragen Wollmützen und dicke Pullover, obwohl die Sonne scheint. Noch immer ist es kalt.

Athen, 15. Mai:

Marilena spielt mit ihrer kleinen Schwester im Garten. Es ist warm. Das Thermometer zeigt 22°C im Schatten. Marilenas Freundinnen kommen bald vorbei. Sie wollen im Garten unter den Bäumen Tee trinken.

Nicht nur im Frühjahr, sondern auch während der übrigen Jahreszeiten ist es in Helsinki kälter als in Athen. Die Temperaturunterschiede zwischen Nordeuropa und Südeuropa sind groß.

Woran liegt das?

Sind die Temperaturunterschiede zwischen Westeuropa und Osteuropa auch so groß?

Das Klima in West- und Osteuropa

In West- und Nordwesteuropa wird das Klima durch den Atlantischen Ozean bestimmt. Hier herrscht **_Seeklima_**. Vom Atlantik her wehen Westwinde. Die Luft nimmt über dem Meer so lange Feuchtigkeit auf, bis sich Wolken bilden. Diese regnen sich über dem Festland ab. Je weiter man nach Osten kommt, desto weniger Regen fällt. An der Küste sind die Niederschläge am höchsten.

Zusätzlich wird das Klima vom warmen **_Golfstrom_** beeinflusst. Im Winter wird es nicht so kalt, im Sommer nicht so warm.

Der Golfstrom ist eine warme Meeresströmung. Sie entsteht im Golf von Mexiko zwischen Nord- und Südamerika in warmen Gewässern. Der Golfstrom wirkt wie eine Warmwasserheizung. An der Westküste von Frankreich ist das Meer im Winter 11°C warm.

Im Osten Europas dagegen herrscht **_Landklima_**. Das Land erwärmt sich im Sommer viel schneller als das Meer. Im Winter kühlt es sich aber auch wieder schneller ab. Deshalb ist es in Osteuropa im Sommer heiß und im Winter kalt. Zwischen diesen zwei Klimazonen gibt es das **_Übergangsklima_**. Es ist eine Mischung von See- und Landklima.

Arbeitsauftrag:

1. Erklärt die Begriffe:

Seeklima, Golfstrom, Landklima und **Übergangsklima.**

Schreibt eure Erklärungen auf das gelbe Plakat.

2. Malt die Karte auf dem Plakat folgendermaßen an:

a) die Staaten mit Seeklima dunkelgrün,

b) die mit Übergangsklima hellgrün,

c) die mit Landklima gelb.

Die Karte (M2) im Buch auf der Seite 14 soll euch als Hilfe dienen.

3. Zeichnet mit roten Pfeilen den Golfstrom in euer Plakat ein.

4. Könnt ihr jetzt erklären, woran es liegt, dass die Temperaturunterschiede zwischen Westeuropa und Osteuropa unterschiedlich sind?

Nicht vergessen, ihr seid die Experten. Ihr müsst fähig sein, die Fragen eurer Mitschüler zu beantworten!!!

Hiermit beantrage ich eine Bewertung meiner Stunde.